王江　李小宝　宋晓琴　著

陈爐石風采

辛丑大月創業題

山西出版传媒集团　　三晋出版社

图书在版编目（CIP）数据

陈炉石风采 / 王江，李小宝，宋晓琴著. -- 太原：
三晋出版社，2022.1
ISBN 978-7-5457-2421-9

Ⅰ. ①陈… Ⅱ. ①王… ②李… ③宋… Ⅲ. ①观赏型
—石—介绍—铜川 Ⅳ. ① TS933.21

中国版本图书馆CIP数据核字（2022）第001180号

陈炉石风采

著　　者：	王　江　李小宝　宋晓琴	
责任编辑：	朱　屹	
责任印制：	李佳音	

出　版　者：山西出版传媒集团
　　　　　　三晋出版社（山西古籍出版社有限责任公司）
地　　　址：太原市建设南路21号
电　　　话：0351-4956036（总编室）
　　　　　　0351-4922203（印制部）
网　　　址：http://www.sjcbs.cn

经　销　者：新华书店
承　印　者：山西基因包装印刷科技股份有限公司

开　　本：889mm × 1194mm　　1/12
印　　张：12
字　　数：60千字
版　　次：2022年1月　第1版
印　　次：2022年1月　第1次印刷
书　　号：ISBN　978-7-5457-2421-9
定　　价：268.00 元

如有印装质量问题，请与本社发行部联系　电话：0351-4922268

总 序

王江

张立功与景男两位资深赏石名家分别为我的专著《陈炉石记忆》《陈炉石魂韵》题写总序，也实是对我的抬爱。这次与好友李小宝先生、宋晓琴女士合著的第三部专著《陈炉石风采》的总序若再烦请两位，我已不好再张口了。在石友们的鼓励下，最后我决定不揣浅陋为《陈炉石风采》写总序！毕竟我玩石时间不长，心里总是忐忑。

《陈炉石记忆》《陈炉石魂韵》两部专著出版后，由于囊中羞涩，再加精力不足，本想就此罢手，但陈炉石的美却让我欲罢不能。于是，我与李小宝、宋晓琴两位石友商议，三人达成共识，决定合著《陈炉石风采》，以了我们的共同心愿！

《陈炉石风采》既是前两部专著的延续，也是对此前内容的再提炼，选石力求至美，赏析力争精妙，不分章节，不组系列，重在以单方作品展现陈炉石的风采。该书共遴选陈炉石108方，取"圆满"之意，以寄托我们一直在努力为陈炉石文化的发扬光大所付出的深情。

千言难尽情怀，拙诗一首，献给痴迷美石、更值得尊敬的"石界收藏人"。

星火一点

都说那玩石人家产亿万
本是省吃俭用咬紧牙关
都说那玩石人宝贝无限
真是留给社会逝后无缘
都说那玩石人博学多才
原是灯下寻遗故物重现
都说那玩石人没个正干

却是舍弃休闲挤出时间
一方奇特的造型石让他喜兴若癫
一方出彩的画面石让他彻夜难眠
一方小小的把玩石让他爱不释手
一方神秘的陈炉石让他不思茶饭

玩石人有执着的信念
因为一方喜爱的石头
常陶醉于自我的世界
也忘却那满腹的心酸
直到银钱散尽心血耗完
只想为暗淡了的历史天空留下星火一点

《陈炉石风采》书名仍由书法家胡创业先生题写，诚表感谢！

序 一

李小宝

铜川，人杰地灵，物华天宝，文化厚重，民风淳朴，风景秀美，气候宜人，沟壑纵横，梯田层层……特别是那耀州瓷闻名天下，更有那陈炉山上的陈炉石独树一帜。

也不知道上辈子我积了何德托生到这个地方竟还与陈炉石结下不解之缘！为此，倾自己微薄财力设立"奇艺轩"石馆并由王江先生为"奇艺轩"写了《奇艺轩赋》。附录如下：

奇艺轩赋

米芾者，乃北宋文学大家、书法"宋四家"之一。芾喜石如癫，人称"米癫"，因其喜石而拜石之行为流传近千载，也让他深受文人墨客的推崇并誉为"石祖"。

小宝甚喜石，恨不能自身为石，只惜父母给予肉身，亦苦无变幻之法，幸得上苍眷顾，赋小宝美石之魂魄，降小宝于陈炉石之乡——铜川。又适逢盛世，赐天时、地利、人和，小宝遂设立"奇艺轩"，终是一生与天之造化陈炉石结缘。小宝亦是多年勤勤恳恳，精挑细选，用心盘刷，揭开一方方陈炉石之真容，不仅遂了小宝之喜好，亦成就无数喜石、爱石收藏家之心愿。

陈炉石诞于5亿年前，唐时做磬，后又琢为器物，其返璞归真，石质甚佳；天然浮雕、独特画面、奇异造型浑然天成，精美之度亦是当今能工巧匠而不达；丰富之内涵及表现力亦堪称风流。请一方美石于雅室之内，一杯清茶，赏品其像，深悟其意，可晓宇宙、悟苍生、观历史、视当今、游名山、知人文……亦真是乐哉！今日，陈炉石已成石文化之秀中之秀。

"奇艺轩"有小宝如此之"石痴"，幸也！其所藏、所出之石均系真品精品，更无残次；石界之中，诚信为本，童叟无欺，广交朋友，寻觅知己。些许薄利，亦是取石、选石、刷石、推宣、生存之用，且为喜石、爱石之友尽微薄之力。

嗟乎，石友兴则"奇艺轩"兴；"奇艺轩"亡则石友憾。两者相辅相成，系上天所定。

陈炉石是近几年赏石界新发掘的石种。其特点是：形不惹人，色不显眼，古朴内敛，文化厚重，形画并茂，相得益彰。特别是配上具一定文化内涵的赏析，别有味道，更是让人爱不释手，思绪万千。据其特点，赏玩陈炉石有别于其他石种，因此，我们在选石、刷石、盘石、题名及赏析、配座、置景等过程中，首先注重的是陈炉石自身的特点，然后才有可能做出一件精品。经过多年在陈炉石界的打拼，我对其有一定的了解和认识，现将个人的一些体会与大家分享交流。

要将一方陈炉石打造成为可收藏并具有一定价值的艺术品，必须经过以下几个阶段：

一、选石

1. 以四面可观、石形饱满、四边过渡自然的石头作为首选。

2. 选择能达到一定摩氏硬度的石头。关于陈炉石的摩氏硬度，国家观赏石协会陈炉石专委会主任景男先生已经通过国家有资质的单位，对陈炉石的摩氏硬度进行了定性分析，必须达到 3.5~6.5。

3. 选择无伤、无残、皮质油润的石头，以头皮石为最佳。要求无伤、无残外，还须无人工造作，保持石头的自然及完整，包括原有石根、条纹，且凹凸天造，石皮完好。

4. 选择石形与画面内容有机结合较完美的石头。有些石有形无画无内涵，有些石则是画面生动但石形欠佳，韵味不足。陈炉石石形与浮雕画面能完美结合，互相映衬，最为理想。

5. 再看画面生成的位置是否协调，整体石形比例、厚薄是否协调。

二、刷石

选好的陈炉石也叫"毛石"，即由一定厚度的高岭土包裹且浮雕突出的完整石头，并未完全露出真容。因此要刷去外裹的高岭土，刷去高岭土的工序叫"刷石"。刷石分两个步骤：

1. 粗刷：毛石需在水里浸泡几个小时以软化高岭土，然后用电动工具装上钢丝轮去掉大灰。

2. 细刷：刷每块石头之前，要研究一下这块石头属于哪一种类型？画面属于哪一种类型？确定好类型后，再选择以下的刷石方法：

第一种：如果石质非常好，画面珠子质地也非常好，就可通刷。不管刷黑或者留白都要刷得非常均匀，下手的力度要一样，这样才能刷均匀，若下手力度不稳定就容易刷花，石头的表面会显得非常脏乱；石质好，珠子属于黑色，并且珠子属于大珠子，还有黑底咖啡色珠子，包括深纹的纹石，都可以通刷。

第二种：刷细花的时候一定要留白，刷的力度不能太重，并且刷得要非常均匀，才能把石皮刷出来，这样画面整体效果才会好。

第三种：浅纹的纹石是最难刷的，刷不好，容易刷糊了。

第四种：石头珠子质地比较软，与灰的硬度相差不大，这种石头也最难刷，力度掌握不好，浮雕就会被刷平，并且模糊一片，画面就失去了立体感。不管你怎么刷，都不能把石皮刷破了，否则，这块石头也就报废了。

第五种：刷镂空石也是最费工时和费力气的，也是最容易造假的石头。这种石头出售的时候被厚厚一层高岭土包裹着，什么也看不出来，赌性比较大。刷之前先用水浸泡几个小时，然后再刷，这样，被灰包裹的一部分高岭土被软化，就容易把它刷掉。刷这种石头时要有耐心，要根据不同的部位换不同的工具，比如，毛笔头可能要换好多次。有些难刷的，一块石头要刷几天，甚至更长时间。这种石头最大的特点是变化大，也是比较受大家欢迎的一种类型。

当然，每块石头质地有别，造型各异，"花"形不同，刷法也有所不同。同一块石头高低坑洼等不同部位，用的工具也不一样，有时一块石头需要几种或十几种工具。有兴趣的朋友，不妨试着多刷几次，慢慢地定会悟出一些规律，就能掌握刷石的技巧及工序，并能刷出效果来。

三、盘石

盘石的过程，也是非常艰难、漫长的。一块石头刷好以后先用手去把玩（盘），有些石头适合通盘，有些石头适合局部盘，许多石头需要盘很多次才能完成。比如，高浮雕和低浮雕组成的画面中间还夹有一些彩带的石头，盘法就很繁复，用时也很长：先盘低浮雕部位，盘上一年以后，才盘高浮雕部位，再盘上二三个月，这样盘出来的效果就非常明显，层次分明，立体感十足。还有一点很重要，因为用手盘多了以后，汗液容易渗进石头里，会让石头表面发乌，显得比较脏乱，不干净，因此用手盘一盘就要用棉布擦一擦，特别是晚上睡觉前，一定要把石头表面的汗液擦掉。反复如此，盘的时间越久，效果就越明显，包浆后的石面非常柔和，又非常干净漂亮！

四、题名及赏析

陈炉石的点睛之处便是题名及书写赏析，这是给陈炉石注入灵魂之步骤，十分重要。此阶段，不同的人对陈炉石有不同的解读和理解，各自从不同的角度写出不同的赏析。往往有高度、有内涵的题名和赏析，可大大提高陈炉石的魅力和价值。

五、配座

陈炉石除了尺寸较小的籽石需要配创意底座衬托外，原则上不需配太过于复杂的底座，以免喧宾夺主，影响陈炉石本身的丰富表现力。但对于在形态上有不足之处的陈炉石，通过创意底座可弥补不足。

六、置景

一方石头摆放的地方，应有灯光及背景，背景可以用能相互映衬的字画做装饰。底座上可以放一些微型盆景或花草等物，以增加感染力，让人更容易接受，并很快融入这种意境当中，给人以美的享受。

在此，仅为推广陈炉石文化尽我之所能也！

附：景男老师为《来自陈炉石一线的体会》所写的评语。

李小宝有一手绝活，那就是拾掇陈炉石！

大清早，李小宝发来"赏石"的体会文章，要我提提建议。凡事推后，一口气读了三遍，仅就个别标点符号和语句作了修改。真是来自一线的体会，表述清楚，不藏一私，从字里行间，我看见他写这体会的初衷：心急有些石友因不会选择、盘玩陈炉石产生的负面影响。小宝很勤奋，善思考，有担当，在赏石方面成长很快。

真高兴陈炉石业有这样的经营者和推广者！

序 二

宋晓琴

　　己亥春的陈炉古镇游，被其古朴沧桑和陈炉石丰富的表现力所打动。在李小宝先生的藏石馆偶见一石：正观如佛顶骨舍利，俯视形如一心。只因多看两眼，友人王江先生立即"怂恿"：喜欢就带上一块吧！于是欣然纳入囊中做旅游纪念。回家后，我越看越喜欢，将这方平生收藏的第一块观赏石命名为"心包太虚"。一石缘起，便一发不可收，其后陆续从信金宝先生处请回"朝圣"和"一叶一如来"，今年又在李小宝先生处结缘一方菩提树下"悟道"，皆是风格古朴与佛有缘的形石兼画面石。虽然自古赏石重在"取势而不取肖"，但对这一方方"师法造化不见工巧、沧桑古朴自然天成"之圣物，得其一方即是多少世修来的福分，何用再去求势！

　　中国的文人墨客，自古以来大多喜赏石，通过对石头的观赏，寄托对天、地、人的思考，将石头升华为文人修德、自拟、自省的对象，成为园林之意的延伸、山林之隐的暗寓和精神意志的象征。

　　本人素喜中国传统文化，特别是佛教文化。奈何身处红尘，虽发丝秋染，终是世事繁杂，心难宁静。现有几方与佛有缘的陈炉石与我相伴，是石亦佛，是佛亦石，并将其置于案上，点沉香一炷，袅袅青烟，飘飘渺渺，意境幽远，烦恼顿歇，身心俱安！

　　忙来细理千万事，闲时轻笑两三声。自得其乐也！

目 录

李小宝藏石

宋晓琴藏石

王江藏石

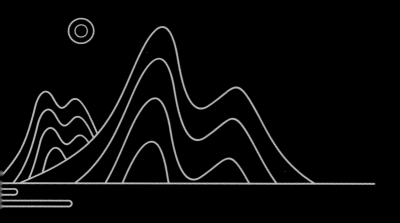

　　李小宝，陕西铜川人。现任中国观赏石协会陈炉石专业委员会副主任、铜川市观赏石协会副会长、铜川市陈炉石鉴评中心主任、奇艺轩石馆馆长。对于陈炉石形、质、色、纹、韵、选、刷、盘、赏等方面具有独到的理解和认识。

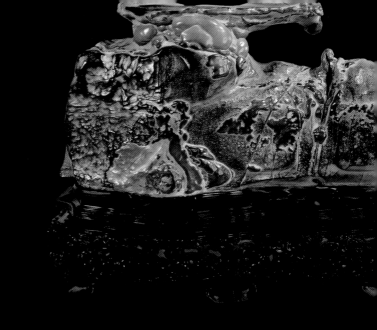

秦冠天下

　　似像非像，似是而非，造型独特，因缘和合，这就是天然陈炉石。一方水土养一方人，岂不知一方水土也养一方奇石。在秦之大地之上不仅滋养着一方人，同时也在地下滋养了 5 亿多年前的陈炉石。陈炉石"秦冠天下"，所蕴含的磅礴之气，亦是独一无二。这可是巧合？

　　该方陈炉石长 35 厘米、高 20 厘米、厚 13 厘米。

东方雄鸡

一方陈炉石两面可观：一面似一只威风凛凛、昂首挺胸、傲视天下的"雄鸡"，身上的羽毛栩栩如生；另一面似中华人民共和国"版图"的大陆部分，河流、山川也是惟妙惟肖。两者巧妙结合，象征着我们的国家在中国共产党的领导下，一唱雄鸡天下白，屹立于世界的东方！

该方陈炉石长 30 厘米、高 28 厘米、厚 9 厘米。

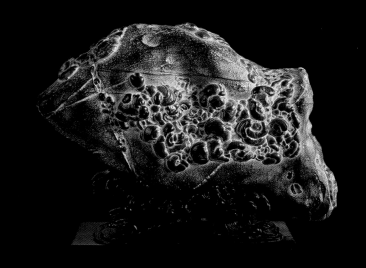

金榜题名

　　鱼者，龙之始；龙者，鱼化之。"鱼化龙"系 6000 年前陕西西安半坡人崇拜之图腾，后寓"金榜题名"。

　　该石形似鱼，龙身无有但已点睛，头上犄角已现雏形，正如"鱼化龙"之来历。甚妙！

　　高浮雕黑色润珠为主题画面，似一中榜后生，狂喜之态惟妙惟肖；来贺邻里熙熙攘攘，场景热闹。甚奇！

　　该石主题明确，形象生动，寓意深刻。鱼、龙、人之巧妙组合，甚符中华习俗中长辈期盼后人兴旺腾达之寓意，具有一定历史及现实意义。

　　该方陈炉石长 36 厘米、高 23 厘米、厚 6 厘米。

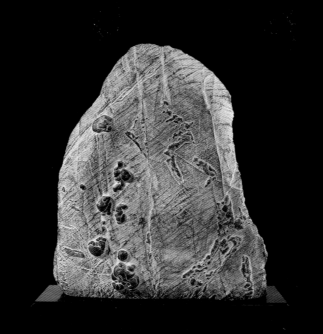

五子登科

古人有诗：

"燕山窦十郎，教子有义方；灵椿一株老，丹桂五枝芳。"

《三字经》有云：

"窦燕山，有义方，教五子，名俱扬。"

今人有诉说：

"若有一子，一辈子不得好活！票子、车子、房子，将来还要带孙子。

若有五子，可承受得了？您还想要五子吗？"

该方陈炉石长 31 厘米、高 39 厘米、厚 10 厘米。

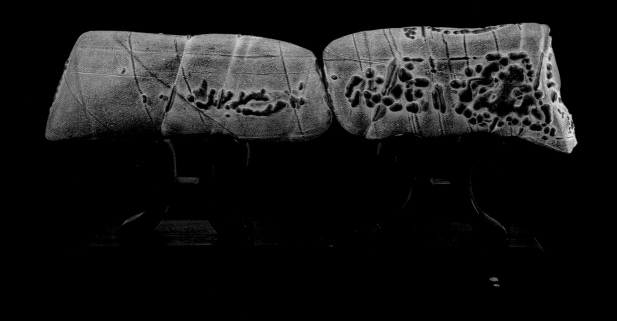

珠联璧合

此方陈炉石乍一看是由两方精美的陈炉石组合而成。其实不然，它就是一方陈炉石！看似中间断开，实则石珠相连。真乃：美中美、巧中巧、妙中妙，珠联璧合！

该方陈炉石长 59 厘米、高 15 厘米、厚 7 厘米。

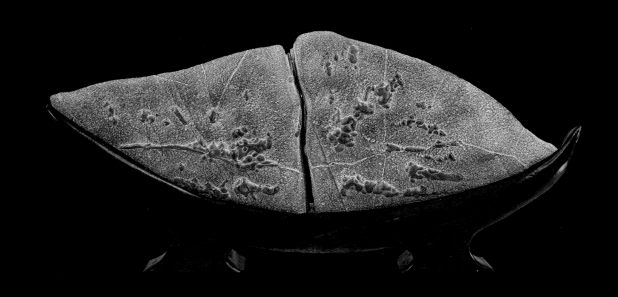

和和美美

　　此方陈炉石系早期地表石，画面干净疏朗。分开是两块完整的独立之石，合在一起是非常完美的一方合石，从严格意义上讲，这才是真正的合石。这种合石非常稀有。两方石画面生动形象，无论从形还是韵都表现出祥和之景象，题名为"和和美美"最为恰当。

　　该方陈炉石长 50 厘米、高 39 厘米、厚 5 厘米。

寿 财

人们都把"棺材"叫"寿材"。

我们当地上了年纪的人都会早早地把棺材做好放在家里，寓意：长辈长寿，后辈升官发财，所以也叫"官财"或"寿财"。"官财"也好，"寿财"也罢，放在家里都是最好的寓意。

作为老百姓的我，没有升官的欲望，还是为自己祈寿、为后辈祈财吧，所以为此方陈炉石题名"寿财"。

该方陈炉石长 47 厘米、高 17 厘米、厚 16 厘米。

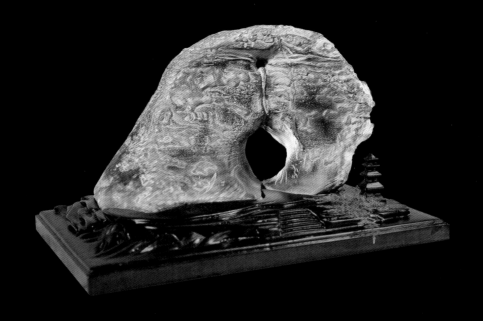

财不外流

人说水是财，洞洞聚起来；小洞已聚满，流进大洞来。

如此，题名为"财不外流"！

该方陈炉石长 26 厘米、高 16 厘米、厚 16 厘米。

慈 悲

佛家以普度三界众生为怀。此方石系一方合石，下部为天然底座，三道横纹似"三界"，中部有观世音菩萨说法像，上部有一佛眼，人物形象生动，寓意深入人心。

该方陈炉石长 34 厘米、高 27 厘米、厚 10 厘米。

无相观音

该方陈炉石长 10 厘米、高 46 厘米、厚 7 厘米。

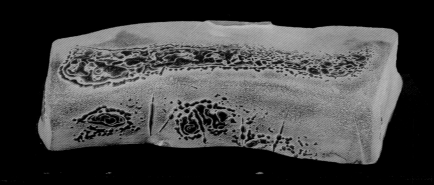

道

道家说："道生一，一生二，二生三，三生万物！""道生一，一生二"人们都知道，就是"阴阳"。那何为"三"？为何有"三"才生万物？道家又说："三为一与二之结合，亦为机缘。"也就是说，结合、机缘即为三！只有一与二通过三的结合组成一体，方能生万物。这方陈炉石上为阳爻，下为阴爻，阴阳和合而生万物，充分地表现了道家思想。

该方陈炉石长 39 厘米、高 9 厘米、厚 20 厘米。

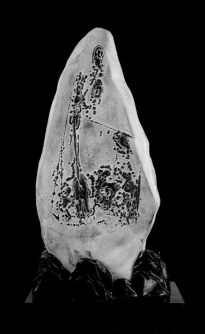

悟空调扇

　　吴承恩《西游记》中有一故事叫：悟空三调芭蕉扇。而这一故事却完整地展现在一方陈炉石上。细观该方陈炉石：石形入景，珠花奇巧，人物（孙悟空）丰满，芭蕉扇形象，打斗场面生动，不失为陈炉石中一方精美藏品！

　　该方陈炉石长 23 厘米、高 52 厘米、厚 7 厘米。

花果山

　　此方石画面甚是热闹喜庆，充分表现了花果山中欢乐祥和的景象。该方陈炉石系早期的地表石，石面纹理、珠子相结合，纹理粗犷，一看就是年代久远之石；珠子是高浮雕大珠，且有许多黑黄两色的大珠，极像漫山遍野上有一群千姿百态、活泼可爱、毛色各异的调皮猴子。

　　该方陈炉石长 27 厘米、高 53 厘米、厚 10 厘米。

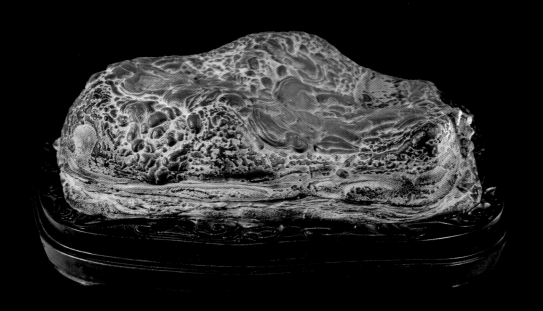

比翼双飞

"在天愿作比翼鸟，在地愿为连理枝。"该石画面既有天上神仙般的飘逸，又有人间至深的爱情。

该方陈炉石长 50 厘米、高 16 厘米、厚 33 厘米。

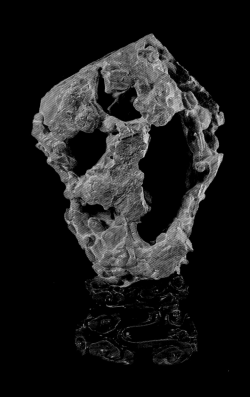

悠悠洞天

　　此方陈炉石属摩崖镂空石类，其主要特点是变化大。这方石除了表面变化大以外，最显著的特征是有三个洞，洞与洞之间互相依靠，相互映衬，既符合传统的"瘦、皱、漏、透、丑"的赏石文化，又有现代赏石的美感，因此是一方难得的摩崖镂空石。天地造化一方石，留下记忆在人间。

　　该方陈炉石长 24 厘米、高 36 厘米、厚 9 厘米。

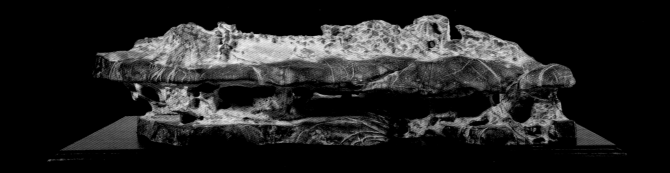

海市蜃楼

　　"海市蜃楼"实难见，美石很难得。此方陈炉石是墨玉石和摩崖镂空石相结合的一方石。下部和中部都是墨玉石，中间镂空形成了一排排的洞窟，且相互连接贯通，既有北魏石窟的感觉，又似若隐若现的海市蜃楼。

　　该方陈炉石长 48 厘米、高 13 厘米、厚 20 厘米。

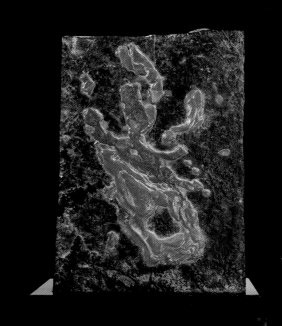

敦煌壁画

　　该方陈炉石石形方正，厚薄比例协调，石质一流，黑底黄花，意境悠远。石形：属陈炉石中"九五至尊"之形；画面：高浮雕黄花饱满丽质，人物线条流畅自然；整体细观：犹如敦煌莫高窟中的壁画。是一方难得的陈炉石珍品！

　　该方陈炉石长 20 厘米、高 30 厘米、厚 11 厘米。

上古符号

该方陈炉石石形奇特，石质一流，线条流畅，纹理清晰并形成完整圈纹。

当你静观时，仿佛穿越了时空，似乎看到了上古人类的生活印迹，似乎听到了我们祖先呼唤的声音……真是妙不可言！

该方陈炉石长 26 厘米、高 20 厘米、厚 14 厘米。

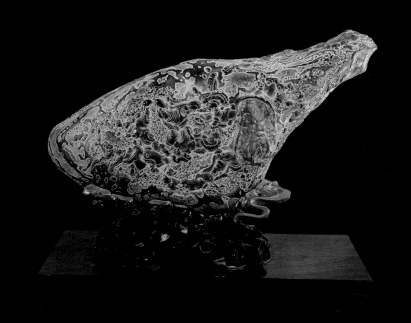

人们常说"酒囊饭袋"，而这方陈炉石却只像酒囊，而非饭袋，注定与酒有些瓜葛。

李白，字太白，号"青莲居士"，又号"谪仙人"，被后人誉为"诗仙"。李白是有酒必有诗，写的1000多首诗中，200多首是写酒的。其脍炙人口、千古流芳的诗词大多为酒后醉意中一气呵成。这就是盛唐时期伟大的浪漫主义诗人李白生活的真实写照。

酒中谪仙

此方陈炉石形似酒囊，主画面系由陈炉石特有的丝纹妙勾而成，线条流畅飘逸洒脱，繁复而不紊乱，亮眼而不失古朴。画面之美，堪比"吴带当风"之韵味。"酒囊"上画面中的醉卧之人和繁华盛况，完美展现了盛唐时李白醉后吟诗赋歌的意境，真可谓：囊中吞日月，醉后留余香。

该方陈炉石长 42 厘米、高 22 厘米、厚 7 厘米。

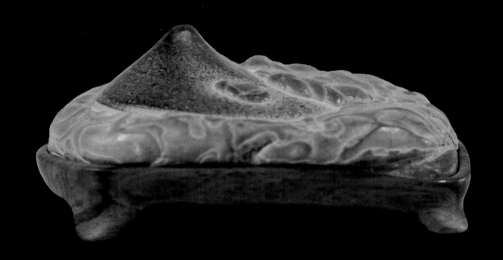

秦月汉山

月是秦时月，山是汉时山，秦皇汉武都不见，月山依旧安然。

赏秦月汉山，道古今长短，抿茶品酒论世事，笑谈秦汉史篇。

该方陈炉石长 10 厘米、高 4 厘米、厚 10 厘米。

逝去的烽火

暗淡了刀光剑影，停歇了战马嘶鸣，血性将士今安在？没留黄土一抔！
一个鲜活的生命，一张淡定的面容，鏖战沙场为谁死？仅遗烽台诉情！
该方陈炉石长 20 厘米、高 9 厘米、厚 12 厘米。

麦浪滚滚

欣逢盛世，风调雨顺，今年塬上又是好收成！麦浪滚滚！！！
该方陈炉石长 33 厘米、高 22 厘米、厚 10 厘米。

笑　谈

一把折扇，一壶浊酒；

一部史书，一位挚友；

心系凌云，发似晚秋；

笑谈古今，一解闲愁。

该方陈炉石形似折扇，花珠出彩，看似静雅，实却非凡。如长歌，如画卷！形象地展现出华夏五千年的历史篇章！

该方陈炉石长 82 厘米、高 60 厘米、厚 11 厘米。

宋晓琴藏石

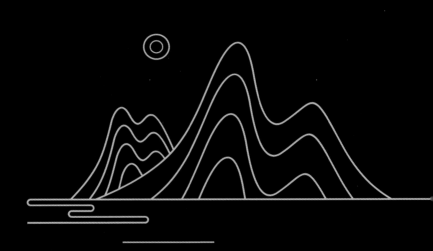

宋晓琴，四川江油人，注册会计师。
化特别是佛教文化有较深入的研究和探
炉石，有机地将佛教文化与陈炉石的表
图文并茂，相得益彰。

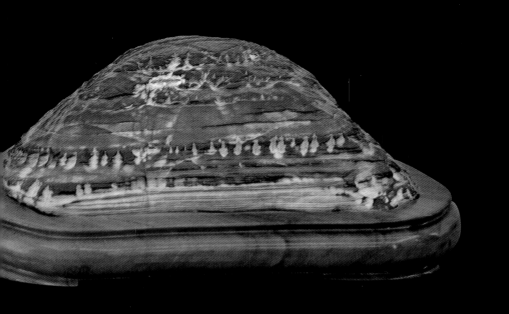

心包太虚

为第一方陈炉石!

先生的藏石时，偶见一心形石，多看了两眼，友人王江先生立即怂恿：喜欢

当时并无特别感觉，心中感激两位老板的盛情，觉得来此一趟带块石头回家

于是纳入囊中。回程途中，觉得外形很像佛顶骨舍利，王江又看出下面多层

图，于是，我欢喜带回。

我每天早晚擦拭石头，各方位观察石头，竟是越来越喜爱这方看似平淡无奇

的石头。正面读它，是佛家的须弥山，又如盘踞青藏高原的珠峰，亦像埃及的金字塔，大气庄严，沉稳厚重；外观更像佛顶骨舍利，中间还有一只慧眼。

俯视时，它似一枚寿桃，似一颗心脏，似一片花瓣，又如五台山顶部，平坦宽阔，几道直线交叉，似山上的阡陌交通，亦似空中网络……

我想，这一方石头将宇宙万物有情世间、器世间都囊括其中，既然有"一沙一世界"和"芥子纳须弥"，我这石头自是可以"心包太虚"，量周沙界，于是以此命名。

该方陈炉石长 22 厘米、高 8 厘米、厚 18 厘米。

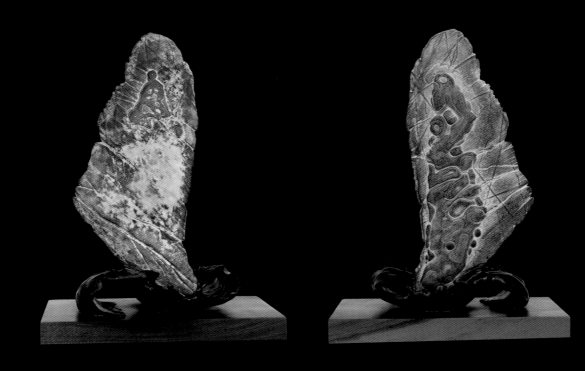

一叶一如来

己亥初夏，机缘巧合见到一方陈炉石，外形似一片精美的树叶，叶脉清晰，叶片边沿锯齿状，无任何瑕疵。"树叶"上半部于虚空之中、祥云之上，如来身披袈裟结跏趺坐，雍容庄严，如如不动，德相具足，胜妙殊绝。"树叶"的另一面凸起的部分则像佛家的法器"金刚杵"。

手指轻拂"树叶"，有金石之声，弹指间声音更是清越无比。见石后，喜乐顿时充满了我全身每一个细胞，今日回味余韵未散……不愧是汉唐盛世用来做钟磬的石头！

诗歌中的"一叶一如来"，那是文字的描述；

绘画或图片制作的"一叶一如来"，乃是人类艺术的加工；

这方陈炉石所显现的"一叶一如来"，是埋在地底几亿年，因缘具足自然而成，我甚至认为它是如来用不可思议之神力于不经意间留在地球上的圣迹。

而我又是何等的福报能将这片神奇的"树叶"结缘到自己的身边，常相伴随，时刻护佑未来的修行长路……

一花一世界，

一叶一如来；

四方皆净土，

因何惹尘埃。

该方陈炉石长 10 厘米、高 24 厘米、厚 2 厘米。

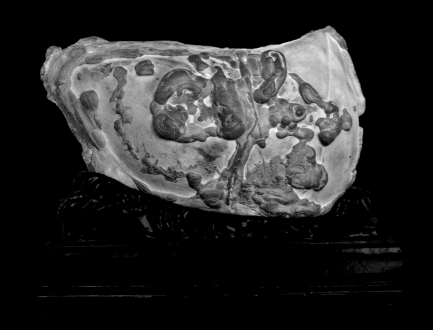

悟　道

古印度一位王子抛弃王位出家修道。他在苦行林中修道 6 年未能见道，于是放弃苦行，来到伽耶山恒河岸边的菩提树下，东向端身正坐，发誓："我今若不证无上大菩提，宁可碎此身，终不起此座！"

他在树下静坐 49 天，终于在十二月初八日，夜睹明星而悟道。世人尊称他为"佛陀"（意为觉者），圣号"释迦牟尼"，时年 35 岁。

此方陈炉石正中似枝繁叶茂菩提树，树下一人面向东方跏趺而坐，完美再现 2000 多年前古印度释迦牟尼佛悟道成佛的场景。石头圆润饱满，画面中的菩提树和坐佛是凸起的高浮雕，实物极具立体感。

该方陈炉石长 32 厘米、高 18 厘米、厚 16 厘米。

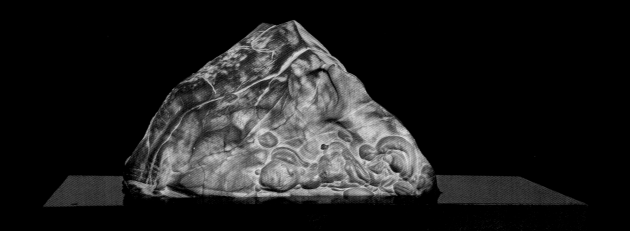

朝　圣

在陈炉镇与铜川的信总有一面之缘，他的微信昵称"诚信是金更是宝"嵌进了他的大名，也蕴含着他做生意的信念，估计玩陈炉石的石友一看就知道我说的是谁。

信总知我笃信佛教，去年5月某一天发我一张图：图上一方外形如山峰的石头，"石山"的山脚下几个匍匐跪拜的行者。这不就是藏人庄严而神圣的转山吗！因为我年轻时两次进藏，加上曾经喜欢过六世达赖喇嘛仓央嘉措的诗，对这方石头表现的意境非常熟悉和喜欢。

西藏许多地区都有转山的习俗，转山是藏族人表达虔诚的一种方式。信徒们在辛苦劳作一年取得收成后，就带上他们的财富踏上转山朝圣的道路。他们三步一叩首，五体投地感谢神灵赐予的幸福，用身体去丈量自己与佛之间的距离。在这些信徒的心中，他们所转的山是神山，是人与神、人与自然结合的精神之山、文化之山、信仰之山。

很快收到信总快递过来的石头，我每天闲暇时就洗刷它。其间，我的高中同学周和平开始他的攀登珠峰之路，不时在同学群发他的进程，5月16日第31篇《我的珠峰路》更新后，再无消息。同学们都焦急万分，因为知道他已经在死亡线上了，也都明白55岁的人登珠峰有多么凶险。52岁登顶的王石已经是当时年龄最大的业余登山者。同学们每天在群里互探消息并用心祈祷，不信教的几个女同学临时抱佛脚，每天在群里发六字大明咒"唵嘛呢叭咪吽"。我则每次刷石头时祈祷菩萨保佑，心里想着石头叫"朝圣"好还是"转山"好……

七八天的煎熬总算过去，5月24日深夜，大家从中新社的新闻中知道他们成功登顶，同学群沸腾了，我立即确定这方石头叫"朝圣"。

接下来各种报道纷至沓来，我们才知道他最后冲刺时，只带了一面写着"太白故里，大美江油"的宣传故乡的彩旗，在8848.86米的世界屋脊向世界宣传诗仙故乡，这份拳拳赤子之心令人感动万分。文起金同学的诗道出了我们的心声：

> 不管你去不去，
> 山，都在那里，只高不低。
> 不管你问不问，
> 情，都在心里，只增不减。
> 唯独家乡的那面旗帜，
> 没有你，不会飘扬在世界之巅。

李白故里，大美江油，
为你骄傲，为你祝福。
你的行动践行了：
脚比路远，
人比山高。

嗡啊吽……愿见者得福。
该方陈炉石长 17 厘米、高 10 厘米、厚 7 厘米。

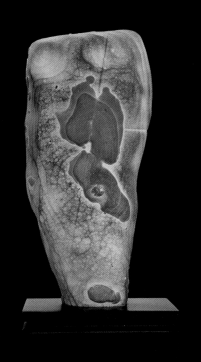

金刚道友

该方陈炉石长 10 厘米、高 20 厘米、厚 2 厘米。

取经归来

身背厚重的行囊，凝望前方的大唐。降妖伏魔千重难，终于回到了家乡！

该方陈炉石长 10 厘米、高 17 厘米、厚 9 厘米。

心 思

　　心里思着佛家的"悟空"，眼睛却望着"福、禄、寿"三星。修行之人应一心向佛，不能一心二意！

　　此方陈炉石主画面有三个突出的黑珠，如"福、禄、寿"三星高照，亦是"贪、嗔、痴"三毒压身……修行人直面应对，此刻可曾悟到？

　　该方陈炉石长9厘米、高9厘米、厚3厘米。

割肉饲鹰

释迦牟尼佛有一次外出，遇见一只饥饿秃鹰正急迫地追捕一只温顺的鸽子。鸽子惊慌失措，看到释迦牟尼，仓惶投入释迦牟尼怀中避难。秃鹰追捕不得，盘旋不去，并露出凶恶的样子对释迦牟尼说"你为了救鸽子的命，难道就让我饥饿而死吗？"释迦牟尼问秃鹰："你需要什么食物？"秃鹰回答："我要吃肉。"释迦牟尼一声不响，便割自己臂上的肉去满足秃鹰，可是

秃鹰要求必须与鸽子的肉重量相等。于是，释迦牟尼继续割自己身上的肉，但是越割重量反而越轻，直到身上的肉快要割尽，重量还不能与鸽子相等。秃鹰便问释迦牟尼："现在你该悔恨了吧？"释迦牟尼回答："我无一念悔恨之意。"为了使秃鹰相信，又继续说："如果我说的话是真实的，我身上的肉即刻会生长复原。"誓愿刚毕，释迦牟尼身上的肉果然恢复了原状。于是秃鹰被感动了，立即恢复了天帝身，在空中向释迦牟尼恭敬施礼。原来这只秃鹰是天帝变身来考验释迦牟尼是否真的有"难忍能忍、难行能行"的精神。

该方陈炉石长 13 厘米、高 8 厘米、厚 9 厘米。

菌 苕

佛前一朵青莲，

注定与佛有缘。

沐浴着佛的光芒，

听着僧人虔诚的诵言。

我立在那无忧河上修行修炼，

只等着那花开见佛的一天。

该方陈炉石长 18 厘米、高 18 厘米、厚 8 厘米。

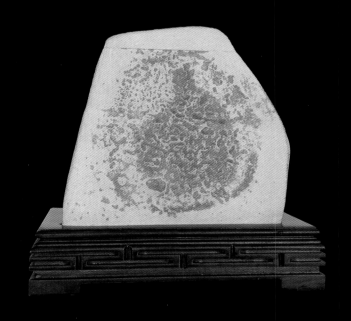

老 子

　　"道可道，非常道；名可名，非常名。无名，天地之始，有名，万物之母……"

　　老子 5000 余字的《道德经》在中国历史上已经讲了 2500 多年，但它到底有多深奥？至今也没有人完全搞清楚、弄明白！

　　被高岭土厚厚包裹起来的一方石头，经刷、盘后，在白底衬托下凸现黑黄珠花，形象地构成一幅老子讲《道德经》的图案。奇哉！

　　该方陈炉石长 17 厘米、高 16 厘米、厚 11 厘米。

将军解甲暮归，

回望塞外边陲，

万千将士今何在？

未留黄土一堆。

半生金戈铁马，

今又霜染两鬓，

铁骨铮铮尚能饭，

跨骥无人能敌。

　　该方陈炉石长

4厘米、高5厘米、

厚3厘米。

英　雄

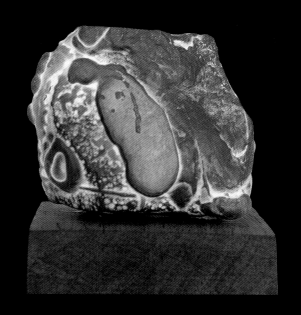

相 亲

"六月里黄河冰不化，扭着我成亲是我大（爸），五谷里数不过豌豆儿圆，人里头数不过女儿可怜！女儿可怜！女儿哟……"这是电影《黄土地》的主题曲，写尽了旧社会陕北女子翠巧没有婚姻自由的悲惨命运。这首"信天游"既是呐喊也是无奈！

此方陈炉石上有一位活脱脱的陕北淑女，身穿红袄，头梳长辫，其表现是相亲前的羞涩？是在急等心上人的到来？还是对父母包办婚姻的无奈？也许只有这女子知道。但愿是眉户剧《梁秋艳》中的梁秋艳，自己的婚姻自己做主！

该方陈炉石长6厘米、高5厘米、厚4厘米。

玉　兰

洁润堪比玉，

清香胜似兰。

花中一淑女，

戏里有苏三。

该方陈炉石长 30 厘米、高 33 厘米、厚 20 厘米。

狮宝宝

　　动物在幼年时都是憨态可掬，招人喜爱。你看石头上的这个狮宝宝的神情：调皮灵动，人见人爱！等它长成壮硕而威严的雄狮时，则会让人敬而远之，只可远观而不敢靠近了。人们总把它的形象放在大门口，以避邪镇宅。

　　该方陈炉石长 25 厘米、高 23 厘米、厚 8 厘米。

猫 情

　　给这方陈炉石起名"瑞兽"，也真是高大上！"瑞兽"是个啥？谁也没见过，谁也不清楚，反正看不懂的动物画面都可叫为"瑞兽"。通过长时间观察和把玩，也许我与猫有缘，越觉得画面上像一只猫。要说我与猫的缘分，还是从一只流浪的黑猫说起吧。

　　那是 2018 年，公司的新厂建成了，我们都搬了进去。可是建筑单位的食堂撤走时却心狠地把一只还未成年的小黑猫给留下了。当时的情景真令人伤感，小猫骨瘦如柴，满身伤疤，见了人就"喵喵喵"地直叫，它的眼神好像是在乞求，又好像很绝望，看着实在可怜，我便毫不犹豫地收留了它，先是到宠物医院给它看好身上的伤，又买了牛奶和猫粮，精心地把它喂养了起来，给它起了个名叫"小黑"。这一举动也引起了一些朋友的不解。不过这"小黑"也是争气，仅两个月的时间就长成四肢修长、毛发油黑、身体健硕、英姿威武、昼伏夜出并练成了拥有超高抓老鼠本领的"英雄"猫！使得它的"粉丝"量猛涨，大家也都称我为"小黑妈"。也不知道是"小黑"的本事大了，还是遇到了更好的人家，或是遇到了歹人？最后它竟消失得无影无踪，我也是伤心了好长时间。

不久，我又收留了流浪猫"大花"，这"大花"也一样争气，竟一口气生出了 7 只小猫。等小猫长大了，选好人家送出去了 6 只，自己只留了一只没人要的，取名叫"小花"。自从留下了"小花"，这"大花"也不知道是生了气，还是吃了"醋"，还是觉得自己的子女有了着落？也一去不回了。

"小花"很是忠诚！因为我要工作和学习，每次走出办公室都是晚 10 点以后，只要出了办公楼的大门，喊一声"小花"，"小花"立马就到，一直陪送我到了宿舍门口才肯离去。每晚它抓到的"战利品"都要放到我的宿舍门口并叫上两声，让我看一看，自己才去享受。

人有情，猫有义！人只要真心付出，就一定能得到你想要的！在我繁忙的工作和孤寂的生活中，猫给了我无尽的欢乐和情趣。不久前又收留了一只未成年的流浪猫，叫"小黄"，成天爬高上低，毫不停歇，朋友都叫它"毛鬼神"，但愿它也能像"小花"一样永远留在我的身边！

哈！我的身份现在也升级了，成了"猫奶奶"。

该方陈炉石长 14 厘米、高 6 厘米、厚 9 厘米。

陈炉石风采

宋晓琴藏石

45

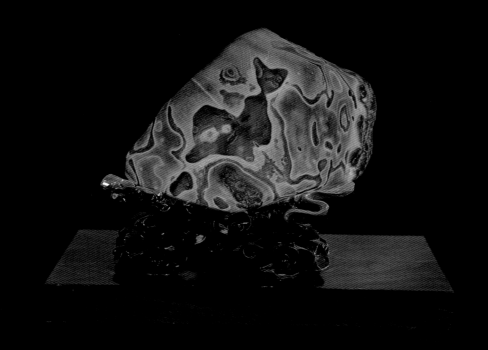

小狐仙

一只小狐狸活灵活现立于花鬟中，小尾巴翘起，尾根作支点而立，如此俏皮，如此灵动，如此美丽，如此招人。石头四周皆是各种藤蔓缠绕，构图古典，大小正好一手把握，小巧精致。

善意提醒：此石仅供女士收藏，男士勿扰哦！哈哈哈……

该方陈炉石长 12 厘米、高 8 厘米、厚 7 厘米。

涟漪

一泓秋水清澈沉寂，一片残荷，几点雨滴，一圈圈涟漪。

如今，我已年近六旬，激情已逝，不再回归，火辣的情绪早已沉淀，渴望能心静如水。

佛说：万事万物皆为虚妄；我言：面对现实老骥伏枥。

该方陈炉石长15厘米、高10厘米、厚13厘米。

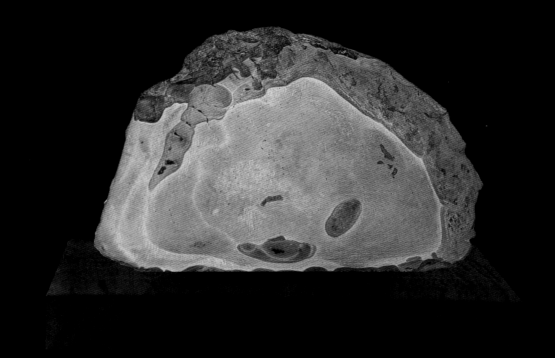

秋　渡

秋渡无人舟自横，绿水涟漪心亦清。若问孤树情何往？春芽枝头佳丽迎。

该方陈炉石长 12 厘米、高 10 厘米、厚 2 厘米。

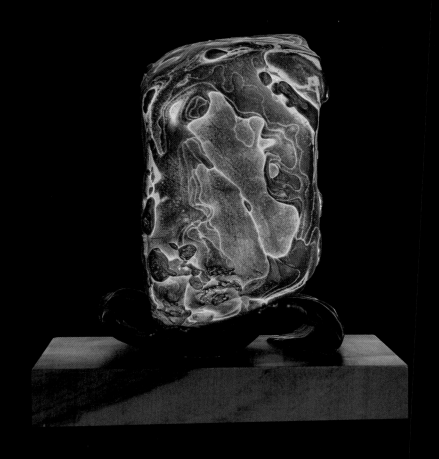

嫦娥舒袖

又到了中秋，广寒宫又热闹了，寂寞嫦娥舒起广袖，似在祝贺人间的团圆。

该方陈炉石长 6 厘米、高 10 厘米、厚 4 厘米。

一帆风顺

愿我们的国家和我们的公司一帆风顺！

该方陈炉石长 17 厘米、高 14 厘米、厚 5 厘米。

马踏祥云

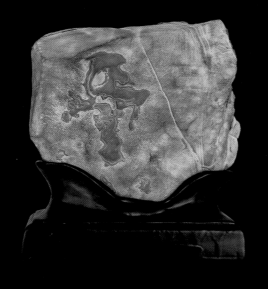

在小宝先生的石馆中，我第一眼看到此方陈炉石时，即被它的独特所吸引，其画面似一尊历经悠久岁月的沧桑古塔，再细品，又像书法家挥毫的"山石"二字，亦像草就的"壶"字。

我将石头从底座上取下来，拿在手里上下颠倒地看，更让人惊喜：若按书法欣赏，繁体的"馬"字笔墨遒劲饱满；而按图案欣赏，则似凌空一骏马踏着祥云疾速飞奔，活脱脱一个"马踏祥云"！

甘肃武威出土青铜器"马踏飞燕"，陕西陈炉出土一方"马踏祥云"石。

你看，天马行空，无拘无束，张扬着奔放和自由的血性。

此刻，静下心来，空中传来远古的萧萧马鸣……

该方陈炉石长16厘米、高24厘米、厚6厘米。

钟　声

看一眼此方陈炉石，首先撞入眼帘的便是一口正在敲响的钟！

小时候，经常听到学校上学、放学、上课、下课清脆的钟声；

长大了，经常听到生产队上工急迫的钟声；

旅游走进佛家的寺庙能听到晨时悠长觉醒的钟声；

年三十晚上，在中央电视台春节联欢晚会上能听到辞旧迎新的"永乐"钟声；

这些年还经常听到一些公司上市时几人合敲的成功钟声。但真心希望早日能听到我们公司上市时敲响的振奋钟声！加油！

对于我们做企业者，这方石也告诉我们：在市场激烈竞争、技术飞速进步的今天，应警钟长鸣，积极应对！

该方陈炉石长 5 厘米、高 6 厘米、厚 6 厘米。

王 江 藏 石

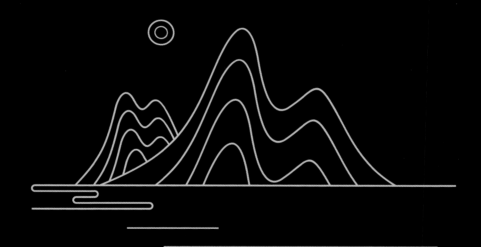

王江，山西临猗人。1985 年毕业于山西大学物理系。早期从政，后期从商。曾出版中长篇小说《峨嵋岭人家》，短篇小说《父母与狗》（与康宁合作），专著《陈炉石记忆》《陈炉石魂韵》。

天　眼

　　宇宙有多大？银河系有多大？太阳系有多大？人类社会的历史有多长？我虽是一只小小的眼睛，不管有多大、多长，对我来说尽收眼底！

　　该方陈炉石长 6 厘米、高 4 厘米、厚 3 厘米。

太极球

无极生太极，太极生两仪，两仪生四象，四象生八卦，一至万物。宇宙也是"无中生有"而来！此石系一圆球，圆润饱满，犹如无极生出的太极球。该方石系较大的陈炉石籽石。

该方陈炉石直径 16 厘米。

黑洞随想

经常听说宇宙中有黑洞，连光线都不能逃逸，我的老天爷！"黑洞"这个词是 20 世纪 60 年代被科学家正式提出来的。2019 年 4 月 10 日科学家竟然拍下了照片。完了！那将来我掉进黑洞可怎么办？

该方陈炉石长 10 厘米、高 14 厘米、厚 5 厘米。

家园之夜

　　陈炉铁胆，形如圆卵，油黑圆润，矿晶点点，真是妙不可言！拍出的照片别有一番景致，犹如在太空中俯瞰我的家园之夜——地球村夜景！

　　该方陈炉石直径 8 厘米。

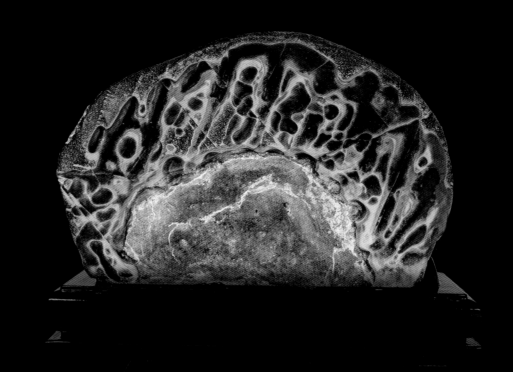

佛 冠

该方陈炉石长 10 厘米、高 7 厘米、厚 2 厘米。

诵经持咒

"从前有座山，山里有座庙，庙里有个大和尚给小和尚在讲故事，讲的是什么？讲的是：从前有座山，山里有座庙，庙里有个大和尚给小和尚在讲故事，讲的是什么？……"这是童年时的一首歌谣，可以一直循环下去，也不知道讲到何时才到头？还是我给它结尾吧，大和尚给小和尚讲的是《心经》！"色不异空，空不异色；色即是空，空即是色……唵嘛呢叭咪吽"。

这方陈炉石上的人物与细纹搭配得十分有意思，人物神态各异，有的听经，有的持咒，有的诵经，特别是诵读者口中还发出一串串陈炉石特有的脉波细纹。

该方陈炉石长 30 厘米、高 17 厘米、厚 9 厘米。

四川大佛   陕西老道

上联：四川大佛可镇水

下联：陕西老道能慑山

横批：降龙伏虎

四川大佛：尺寸长 18 厘米、高 27 厘米、厚 7 厘米。

陕西老道：尺寸长 27 厘米、高 18 厘米、厚 7 厘米。

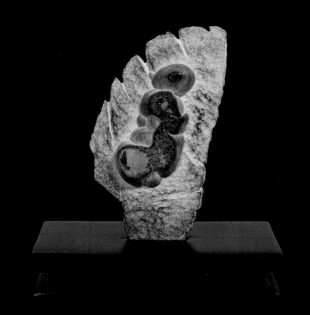

叶子与生命

佛说：一花一世界，一叶一如来。

我说：一石一宇宙，一珠一生命。

该方陈炉石长 4 厘米、高 8 厘米、厚 1 厘米。

岩　刻

我们的祖先也真是有本事，竟硬生生把图案和文字刻在一块陈炉石上。

该方陈炉石长 16 厘米、高 7 厘米、厚 3 厘米。

笔　画

该方陈炉石长 7 厘米、高 16 厘米、厚 1 厘米。

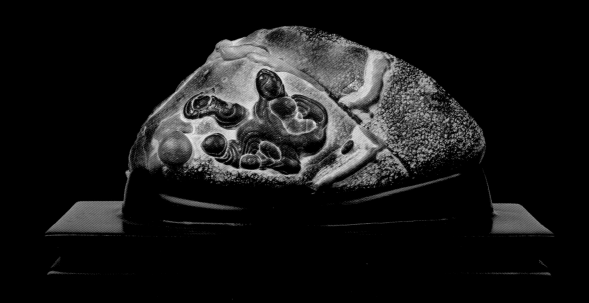

多多益善

现在放开三胎了，我却没机会了！希望年轻人抓住机会，多生几个，多多益善。

该方陈炉石长 12 厘米、高 8 厘米、厚 4 厘米。

母　恩

　　伟大的母亲不仅用甘甜的乳汁滋养了我们，还在生活中细心地照料我们，在学习中耐心地教育我们，使我们健康快乐地成长。可母亲得到的是什么？只有无私的奉献！此方石形似乳，画似育。妙！

　　该方陈炉石长 22 厘米、高 14 厘米、厚 6 厘米。

生根与发芽

石头说：每粒种子下种后都是先生根而后破土发芽，何况人乎？

人如果没有扎实的生存基础，也终是一事无成！

该方陈炉石长 6 厘米、高 6 厘米、厚 6 厘米。

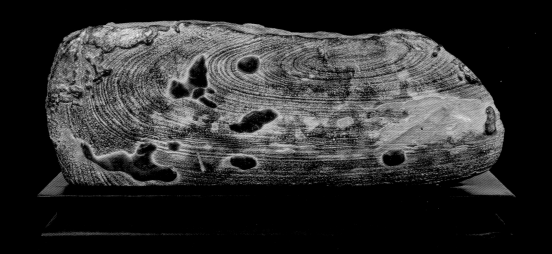

漩 涡

宇宙是个大漩涡，银河系是个大漩涡，太阳系也是个大漩涡，地球就处在太阳系这个大漩涡中。地球啊，你可把握好，不能脱离这个大漩涡，也不能掉进这个大漩涡，否则，你将万劫不复了。

该方陈炉石长 16 厘米、高 7 厘米、厚 6 厘米。

注：此处的漩涡即引力场！

财神洞

偶纳一方陈炉石，名曰：财神洞。不知这个"财神洞"在地球上已存留了多少年？看起来古老而沧桑。但该石正面洞门两旁刻着的一副楹联依稀可辨：

上联：一一一永远是一

下联：二二二终归为二

横批：一清二楚

该石背面洞门同样刻有一副楹联，由于年代久远，已模糊不清。我据该石之寓意，斗胆拙补：

上联：门外实言亦自醒

下联：洞内空名且回头

横批：莫求财神

生意之人诚信为本，童叟无欺；生意场上一是一，二是二，清清楚楚，明明白白。要想生财，不用烧香拜财神，这两副楹联就是真谛，就是"财神"。

这方石的两幅楹联是我的座右铭，也是我一生为人处世之道。

该方陈炉石长 20 厘米、高 19 厘米、厚 7 厘米。

金 蝉

金蝉之成：脱壳重生！

金蝉之色：黄亮如橙！

金蝉之食：天生洁露！

金蝉之声：悦耳动听！

此方石形如梧桐叶状，叶脉清晰，露珠突显；石色灰黑，石皮细润。指骨轻弹，声若风铃，余音悠悠，若似蝉鸣。系早期老皮石。巧在石中突出一金黄俏色、形似"金蝉"的石珠，其尖嘴凸眼、纤细腿爪依稀可辨。无不叹服大自然鬼斧神工之妙！

该方陈炉石长 37 厘米、高 32 厘米、厚 8 厘米。

耳听八方

谁之耳可听八方？佛祖之耳、道祖之耳、神仙之耳。圣贤之耳则"兼听"而不"偏听"！

唉！吾乃一老翁，虽长耳却聋矣。

该方陈炉石长 17 厘米、高 29 厘米、厚 9 厘米。

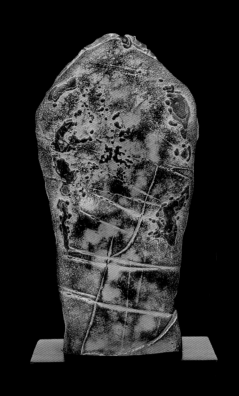

指北针

"哎呀！这几天忙得晕头转向，都找不见北了。"这是人们在忙碌时常说的一句话。有了这方陈炉石就不会找不见北了！

"指南针"是中国的四大发明之一，能使人们在日常生活中特别是航行中不失去方向，为人类社会发展做出了巨大贡献。由于古代认识的局限，最早出现的指南针叫"司南"，即指向南方。随着社会的发展，称"指北针"似更具科学性。

这方陈炉石的石形似指针状，石正中偏上有一"北"字，正如"指北针"。周围人物合拢一圈，都在望着"北"字。天合！

该方陈炉石长 11 厘米、高 22 厘米、厚 4 厘米。

塞翁失马

"祸兮，福之所倚；福兮，祸之所伏。"人在得意之时不狂妄，失意之时不沮丧，对任何事情的看法都要一分为二。

该方陈炉石长 16 厘米、高 16 厘米、厚 4 厘米。

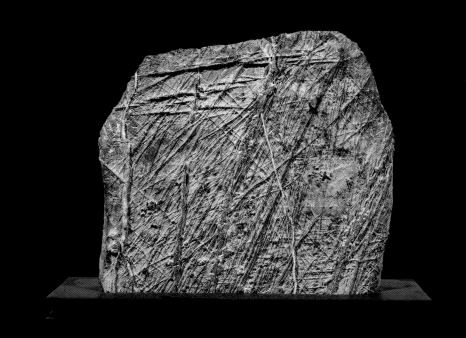

石中画

如此画面可是：显微镜下的微生物？外太空瞰览的银河风貌？东海荡漾的凌凌微波？南国葱郁的风竹雅韵？西部茫茫戈壁的沙纹？北国晶莹剔透的雪挂？中部起伏的山峦和大江长河？不，都不是！它是出自黄土地陈炉山上的一块石头，名叫"陈炉石"。彩！！！

该方陈炉石长 20 厘米、高 20 厘米、厚 4 厘米。

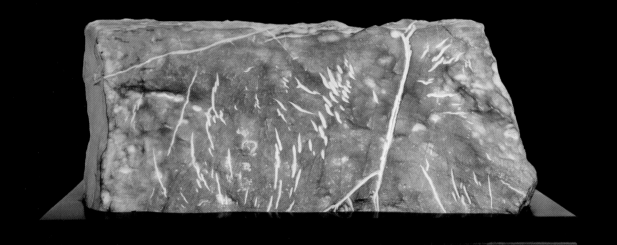

陈炉之春

该方陈炉石长 27 厘米、高 12 厘米、厚 12 厘米。

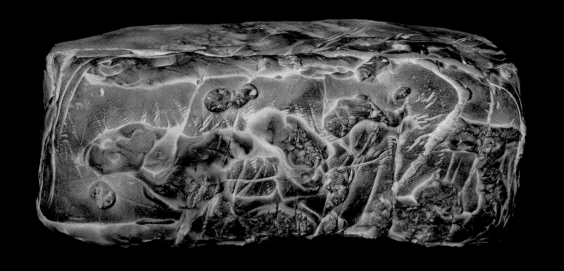

陈炉之夏

该方陈炉石长 32 厘米、高 12 厘米、厚 22 厘米。

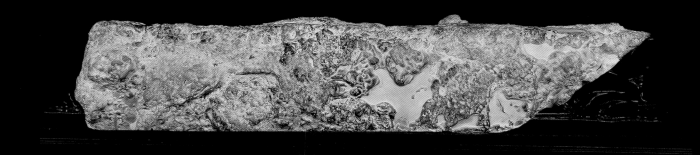

陈炉之秋

该方陈炉石长 54 厘米、高 12 厘米、厚 8 厘米。

陈炉之冬

该方陈炉石长 29 厘米、高 13 厘米、厚 12 厘米。

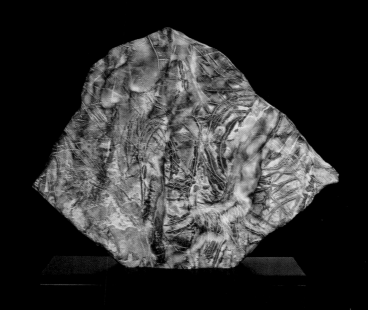

水墨陈炉

　　陈炉的美，不仅因为它是陶瓷之乡、古色小镇，还在于它的一石一山一水、一草一木一林。

　　此方陈炉石的画面黑白相间，高低起伏，沟沟坎坎，巧线妙勾，鬼斧神工，自然天成，把陈炉的自然之美表现得淋漓尽致，而且只有见到实物——此方石，方能真正感受其丰富而奇特的美，用一幅平面的照片是无法展现的。大美陈炉！唯美陈炉！

　　该方陈炉石长 40 厘米、高 32 厘米、厚 5 厘米。

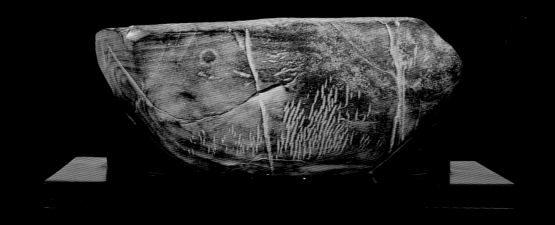

陈炉山之中秋夜

  2020 年 9 月 28 日（农历八月十二），我作为陈炉石收藏爱好者，有幸参加"2020 铜川首届陈炉石艺术博览会"，当晚受到了主办方的热情款待。还好，酒过十巡，陕西名酒"西凤酒"竟醉心不醉人。那时刻，身心飘飘然，也不管夜已深沉和一天旅途劳顿，几个石友竟结伴上陈炉山去赏石，先到了铜川奇石城的几家石馆观赏，后又乘兴赴穆老师家做客。

  穆老师家门口正对面便是连绵群山，颇具巍峨气势。其他石友都进了穆老师家去观赏"宝贝"，而我却迷恋那陈炉山的夜色，遂与石友崔女士一同走到沟边去欣赏陈炉山的月夜。

时近中秋，月夜醉人！

仰望天空：不见点点繁星，仅有被五彩月晕笼罩着的月亮。月光是梦幻的、是柔情的、是恬静的、是忧伤的……一缕缕撒在葱茏的大地上。

目尽远方：朦胧起伏的群山似已入睡的关中汉子，袅绕沟川的薄纱如秦女的霓裳，还有那山涧中几盏眨着眼睛的灯影及夜色的苍茫。

萦绕身旁：百虫争鸣，悠悠草香，树木枝条在月光下随风摇曳，就像婀娜的关中姑娘。沁人心脾的空气是那样清新，拂面的微风是那样温柔、那样慈祥……

我知道，这一切都来自陈炉山的旖旎风光！

我的身心被融化了，只觉身处月宫里，竟情不自禁对着那高山深沟高喊："我在月宫！我在月宫啊……"山中的回音一遍遍地回应着我。崔女士说："你喝多了，怎么在月宫里？那嫦娥在何处？""哈！我没喝多，嫦娥就在我的身旁。"

该方陈炉石长 19 厘米、高 9 厘米、厚 6 厘米。

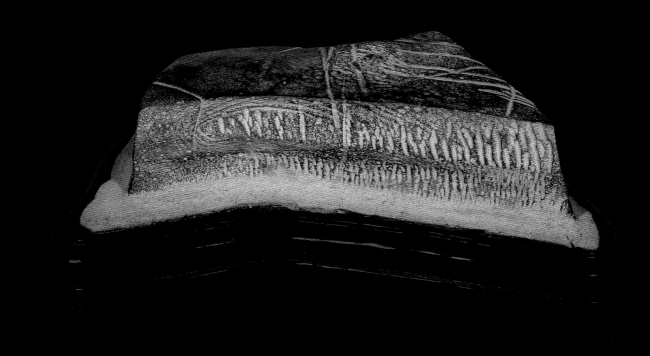

塬　上

　　吾生于塬上，长于塬上，深知塬上之疾苦，感受塬上之喜乐；慨叹塬上之贫瘠，尽享塬上之风光。千百年来，游子思念塬上亦成不了情，离之不舍，留之穷困，但终是家矣！附一首信天游，以寄情怀。

情系塬上

塬上吼着大秦腔，　　　两眼瞅着东南方。

天旱地裂下不了个种，　何时春雨快洒上。

我祈天来也求地，　　　我为求雨杀猪羊。

只怨龙王不把苍生念，　泪格珠珠心里藏。

不是百姓不出力，　　　不是乡党不硬扛。

东边那个日头背西山，　地里总是不打粮。

为了生活走四方，　　　撇下妹子心发慌。

一年见不上一个面，　　想得心头真恓惶。

如今世事大变样，　　　黄河水来到塬上。

青山那个绿水风沙少，　粮食打得满囤仓。

人逢喜事精神爽，　　　后生就要娶新娘。

梁上唱着那信天游，　和那婆姨吃美喝美睡热炕。

哈哈哈哈，吃美喝美睡热炕。

婆姨，再来壶烧酒，让我再喝上两盅盅！

此方石棱角分明，线条过渡流畅，其形甚似黄土地"塬上"之状。

该方陈炉石长 27 厘米、宽 21 厘米、高 7 厘米。

注：塬，乃黄土高原地区多年风吹雨蚀形成的特有地貌，呈台状，四周陡峭，顶上平坦。

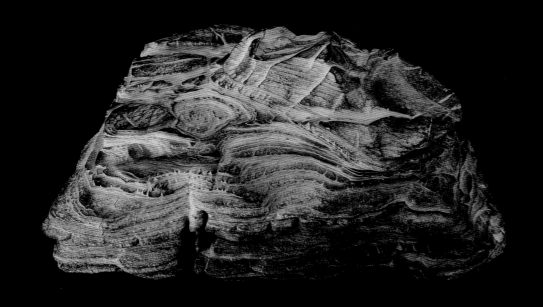

晋之韵

前面选择的是展示陕西铜川陈炉山之美的几方陈炉石，但收藏它们的我却为山西人。晋、陕仅以一条黄河相隔，无论在文化、地域特点及老百姓生活习惯等方面都十分接近。古有秦晋之好，现有晋陕之缘，因此，命名为"晋之韵"，甚恰。

老百姓常说"前有照，后有靠"是风水宝地。我却得到了一方风水宝石！

你看此方陈炉石，在千层纹的平台之上有一座雄伟的高山，山前有一泓湖水，完美体现了山西风水宝地的特征。这可是一方最好的风水石！

该方陈炉石长 30 厘米、高 14 厘米、厚 27 厘米。

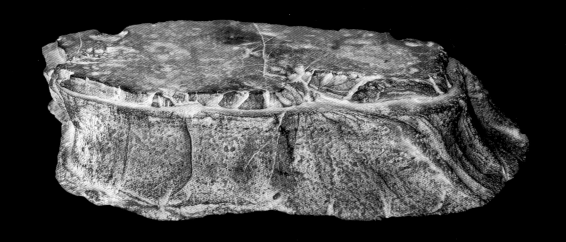

乡 情

该方陈炉石长27厘米、高6厘米、厚14厘米，由刘红兵先生结缘。下附刘红兵先生所写赏析：

1983年，我从大学毕业了。根据当时国家急需建材高技术人才的状况，我是无论如何也回不到山西的，但乡情未了，还是决定回山西，为家乡建材工业的发展贡献力量。

回到山西后，我被省人事厅二次分配到山西省建材工业公司。公司所处的院落不大，有三四亩地的样子，仅有一栋四层的办公楼，北边有一排车库及供暖锅炉房。后来公司领导为了我省建材工业的发展成立了一所科研机构——山西省建材科研设计所，我又被分配到了科研所，从此开始了另一种人生，由原来的行政管理进入了具体的技术工作，一直到今天。

回想在白龙庙省建材工业公司大院工作的38年，弹指一挥间，我已经到了退休的年纪了。

过往的一切仍历历在目，虽然生活十分艰苦，倒也十分快乐。当时有一批一起分配到这个楼里工作的年轻人，整天在一块，非常热闹。直到现在，我也非常留恋，回想起来也很是美好。一起打过羽毛球；一起看了当时全国最长的电视连续剧《渴望》；去长钢办事处一起吃过饭；一块打过扑克；相约在二楼顶上吹过口琴；合伙住过一张床；蹭过别人家的饭；合伙去拉过蜂窝煤；自己糊过炉子；出差、回家互相接送……生活上，大家都互相帮衬，一同苦着乐着。像那些曾经和谐相处的日子，现在恐怕再也无法找到。

而今，我们这一代人建设和见证了建材工业的大飞跃和大发展，尤其是水泥工业的发展。水泥生产从原来的蛋窑改为直径 1.7 米、2 米机立窑到现在的日产 5000 吨、12000 吨熟料的现代化生产线。目前，无论是生产技术还是生产规模，我国的水泥工业在世界范围内都处于领先地位，并且国内生产规模总量已达 25 亿吨，由过去的短缺变为产能过剩，致使政府出台政策要求错峰生产，每年压减产能达 40% 以上。而我们却已两鬓斑白，年过六旬。

随着太原市的发展，山西省建材工业公司也因为府东街东延，把院内的车库拆除，院子也缩小了一半，现仅剩下孤零零的一栋楼见证着过去的那段岁月。经历次改革，省建材工业公司亦不复存在，科研所后改名为"山西省建材工业设计研究院有限公司"，现在已被划归到了太原煤炭设计院。有时回去看一看，已是物是人非。

现在，我们都已儿孙满堂，都住进了高楼大厦。家有厕所、自来水、天然气，家用电器样样俱全，在吃的方面是想吃啥吃啥，还时不时去饭店吃上一顿……这些都是我们早年的奢望，如今，内心深处好像又缺了点什么，唉！这也许是时代的进步吧。但山西省建材工业公司的院子却深深地印在我们每个"老建材"人的心里，这里有我的青春，我的奉献，我的苦乐，我的亲情和乡情，我最美好的回忆。

人面桃花

在秦腔里有《人面桃花》一出！歌词选自唐崔护在长安城外一个小村庄所作诗句：

去年今日此门中，人面桃花相映红；

人面不知何处去，桃花依旧笑春风。

秦地露脸一方陈炉石，与《人面桃花》的景致基本相同，寓意亦足矣！

秦之奇石现秦之故事，彩！！！

该方陈炉石长 10 厘米、高 15 厘米、厚 6 厘米。

石窟之夜

朋友，甘肃的莫高窟、山西的云冈石窟、河南的龙门石窟想必大家都去过，一定会为它们宏大的工程、精美的雕刻、厚重的佛教文化而震撼！你可曾在那晴朗的夜晚去感受过石窟的美妙呢？

远离灯火通明的喧嚣闹市，这里却是一片佛国净土，寂静而祥和。抬头望去，天穹之巅，是那尘粒般的繁星簇拥着的一条明光银带，这明光银带可是传说中的天河？

近观石窟，远眺九天，我沉醉，我飘然！我的思绪已跳出三界，整个身心已融入佛国与繁星之中。自身的渺小，佛陀的般若，宇宙的无垠，让我一个凡者甚感无地自容，我还真不如一粒尘沙！

在陈炉石中，表现石窟文化者甚多，每方石的表现形式各有特点。观此方陈炉石，整体为石窟造型，上有浩瀚银河及无尽的苍穹，把石窟艺术、佛教文化与天体宇宙如此巧妙融合的，却难得一见。

该方陈炉石长 17 厘米、高 11 厘米、厚 8 厘米。

清 明

清明的雨，伴我流泪，

清明的风，伴我哭泣。

这时节，我正寻找祖先的踪迹，

可物是人非却怎么也找不到您。

我对着那圪梁上喊：您在哪里……

圪梁上的回音可是您的应声？

我寻觅，我寻觅，

却怎么也找不到您！

我对着那沟壑喊：您在哪里……

那沟壑的回音可是您的应答？

我寻觅，我寻觅，

却怎么还是找不到您！

……………

我只有对着那苍天喊：您在哪里……

我听到了您的声音：在这里！在这里！

我看到了您在那天上和神仙品酒抿茶，

我看到了您在那天上和神仙逍遥漫步，

我看到了您那飘然的仙姿和慈祥的笑脸。

我又听到了您那谆谆的教诲，

我想和您说说话，您却不理，

我想展臂和您拥抱，您却回避。

您一直说，这还不是你来的地方，等到你功德圆满，才能来到这里。

啊！我知道了，原来您在天上，无时无刻不在护佑着您的子孙。

您放心，我会做到，

因为我的骨子里有您的精髓！

该方陈炉石长 30 厘米、高 19 厘米、厚 20 厘米。

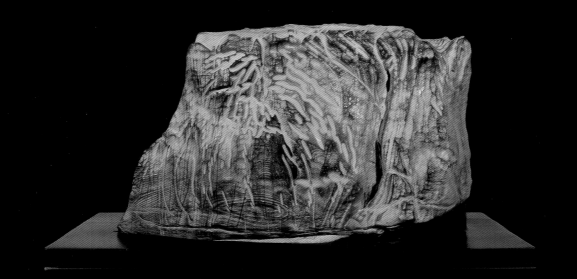

春之声

春天来了，碧绿与百花让我们享受到春天的美景，和煦的阳光让我们感受到春天的温暖。点点轻柔的细雨落在湖边翠柳上，顺着枝条滴在清静的湖面，叮咚叮咚的清音激起的圈圈波纹，仿佛让我们听到那春天的吟唱！

该方陈炉石长 30 厘米、高 19 厘米、厚 16 厘米。

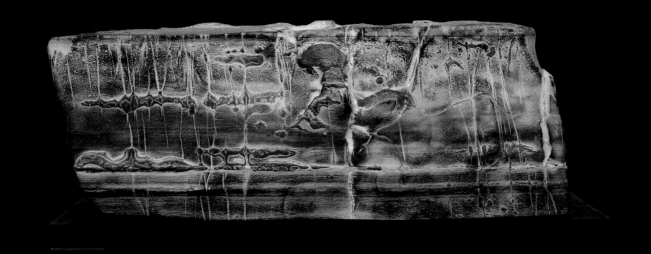

九寨风情

此方陈炉石的神奇美景与风情，在人间只有九寨沟的奇美能与之媲美。彩！！

该方陈炉石长 28 厘米、高 18 厘米、厚 12 厘米。

再现桃花源

该方陈炉石长 21 厘米、高 10 厘米、厚 12 厘米。

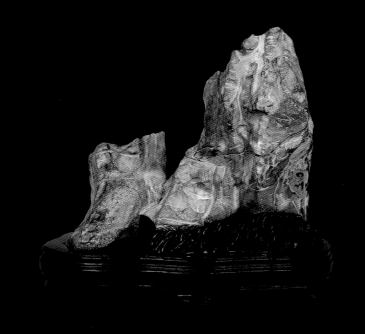

钟灵毓秀

人常说："桂林山水甲天下！""山青、水秀、洞奇、石美"是其四大特点，其中，桂林的山以"奇、秀、险"著称。去过桂林的朋友对桂林的山都有深入的了解，没有去过桂林的朋友看看这方陈炉石也许能有所感悟。因为这方石把桂林的山独有的特点表现得淋漓尽致：山势挺拔，山形俊秀，洞藏其中，细水如丝。真是钟灵毓秀，天造之物！也可与广西师范大学校园内的独秀峰相媲美。

1985 年，山大物理系光电子专业组织我们十余名同学去桂林三十四所实习 3 个月，当时同学们住在桂林电子工程学院，住处离实习地约 3 公里远。路经桂林周边的村庄、农田，无处不见水，处处可见山。山水相映，犹如一幅丹青，人如画中精灵。特别是在闲暇之余和同学们去广西师范大学校园攀登独秀峰，给我留下了深刻的印象和美好的记忆。美哉，天堂！

结缘此方陈炉石时，立刻把我带回到了近 40 年前，真是一种巧妙而美好的回忆。

该方陈炉石长 27 厘米、高 28 厘米、厚 13 厘米。

月夜清影

月夜更深人入静，

懒猫盯窗心不宁，

原是清风摇紫竹，

惹得咪咪自多情。

该方陈炉石长 28 厘米、高 17 厘米、厚 6 厘米。

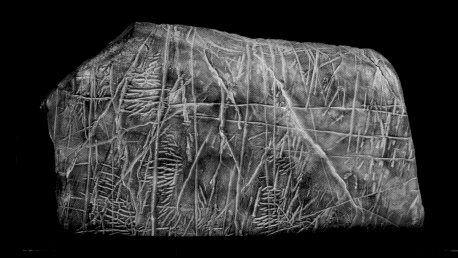

柳的四季

春观似绿绦,

夏观似眉梢,

秋观似金线,

冬观似玉雕。

该方陈炉石长 25 厘米、高 13 厘米、厚 5 厘米。

众妙之门

此方陈炉石的画面也真是奇，竟在"门"里有两行模糊的字迹并有一条曲折的入"门"之路！门内字迹似中文，亦似外文，可是老子的《道德经》？佛教的《心经》？基督教的《圣经》？还是伊斯兰教的《古兰经》？不，都不是！它更像是中国新文化运动时期"两位先生"——德先生（中文名称：民主，英文名称：Democracy）和赛先生（中文名称：科学，英文名称：Science）的名字。

在黑暗如晦的长夜里，"两位先生"为中国人民点亮了一盏明灯，指明了前行的方向。是中国走向富强之门！

当然，陈炉石的魅力就在于千人千语，千人千悟，因此，对这方石的理解也不尽相同，不可强求。题名为"众妙之门"！

该方陈炉石长 20 厘米、高 16 厘米、厚 12 厘米。

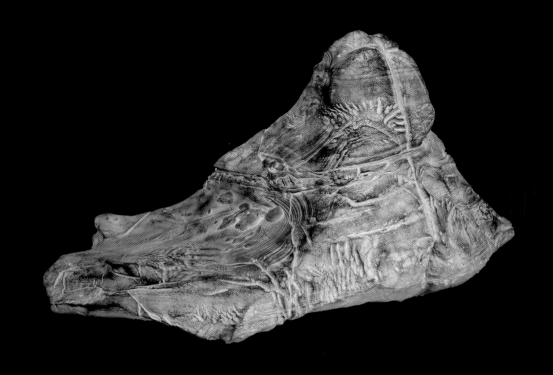

光　明

　　井冈山是革命的摇篮，也是"光明之山"。毛主席的《星星之火可以燎原》点亮了中国革命的燎原之火，为中国革命带来光明。

　　该方陈炉石长 43 厘米、高 23 厘米、厚 27 厘米。

空中巨无霸

是一只飞翔的雄鹰？还是我国近期研制成功的轰 -20 ？ 祝贺轰 -20 ！

该方陈炉石长 22 厘米、高 14 厘米、厚 21 厘米。

众与磊

不知何故，竟将三方毫不相干的陈炉石粘在一起5亿年！

此石由三方石天然结合，虽然各自的浮珠画面都很美，但与其整体形、韵、寓相比却略显逊色。有人说是一托二，有人说是二衬一。一托二也罢，二衬一也罢，缘已至此，只有互相依靠，互相依存，荣辱与共，若缺一块即为残石，一定要组合起来，完整地展现在世人面前。很有味道，耐赏耐品，给观赏者以美感和启示。

三人为"众"，三石为"磊"！代表石友多、好石多。总之，多！多！多！同时，这方石也告诉我们：团结起来，形成合力，高举旗帜，争取更大的成就！

该方陈炉石长30厘米、高35厘米、厚5厘米。

藏龙卧虎

这方陈炉石也甚是奇特，一方整洁而明快的大石中间却天然地镶着一块小石，小石上的图案既像一条龙也像一只虎。也真是石中有石，画中有画！我也有感而发：大千世界，藏龙卧虎！

该方陈炉石长 20 厘米、高 13 厘米、厚 6 厘米。

腾飞与雄起

"中华腾飞"在这方石上表现得淋漓尽致！石正中有一"中"字，线条、图案、纹理积极向上，呈腾飞之势，示中华腾飞。

"中磁雄起"在这方石上更有巧妙的表现！"中"字一竖似祖先发明的指南针，石右边丝纹又如磁力线。

恰好本人就职于磁性材料公司，简称"中磁"。真诚希望借中华腾飞之势，中磁公司雄起！

整石完好无损！

该方陈炉石长 17 厘米、高 7 厘米、厚 6 厘米。

飞"蝗"腾达

　　你只不过是一只蝗虫，可有铁嘴钢牙？竟把一片叶状的陈炉石咬得千疮百孔，就不怕消化不了？

　　如果把此方陈炉石题名为"蝗虫"，又怕其名声不好，不能久存。还是题名"飞'蝗'腾达"吧！有个好寓意，才能永留人间。

　　该方陈炉石长 11 厘米、高 13 厘米、厚 0.5 厘米。

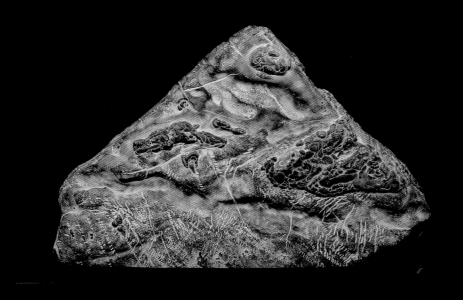

凤观天下

　　人们只说"盛唐"，却很少说"大周"！人们只说"龙观天下"，却很少说"凤观天下"！可这方陈炉石表现的却是"凤观天下"。

　　该方陈炉石石形如山，画面有江河湖泊、丛林花草等美丽风景，主画面有一雍容华贵展翅飞舞的凤凰，似览江山，如看天下。这可是大周则天皇帝化身？

　　该方陈炉石长 40 厘米、高 28 厘米、厚 6 厘米。

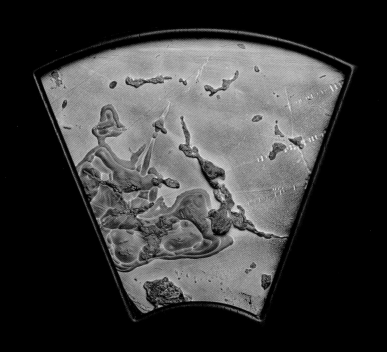

拷　红

　　此方陈炉石画面丰富多彩，形象地呈现出则天出宫、贵妃沐浴、《西厢记》中"拷红"

的情节等画面。皇家之事，自有文人墨客着笔。作为百姓的我还是以《西厢记》中的"拷红"

来命名更为妥当，也更为接地气，因为"红娘"就出于此！

　　如此薄片却无任何伤残。

　　该方陈炉石长 18 厘米、高 18 厘米、厚 0.5 厘米。

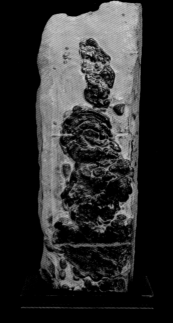

媒 婆

　　看此方陈炉石画面中的人物真像过去走街串巷的媒婆, 戏剧中叫"红娘", 也称"媒人老""介绍人"等。真可谓: 两脚走四方, 一嘴说百家。

　　该方陈炉石高 10 厘米、宽 29 厘米、厚 6 厘米。

石　痴

　　唉！我就是个穷命！人家等着天上掉馅饼，我却等着天上掉石头，还早早地撑开衣服的下摆等着接呢。

　　该方陈炉石长 8 厘米、高 13 厘米、厚 3 厘米。

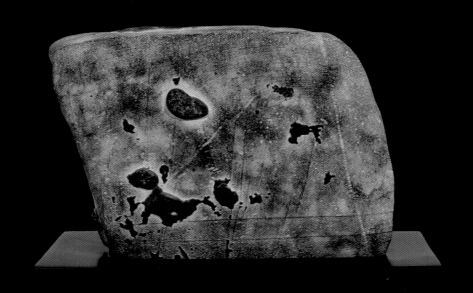

做 梦

一个人想要成功必须努力奋斗，不能像此方陈炉石画面中的那个人一样躺着不动，梦想天上能掉下馅饼。

该方陈炉石长 15 厘米、高 14 厘米、厚 5 厘米。

这方陈炉石，乍一看，是圈纹形成的两只大大的眼睛，虽然大小不一，形状也不完全相同，但也不失其神采和灵性。有人说，这是猫头鹰的眼睛，在中国民间习俗中有"猫头鹰不宜入宅"的说法，认为不吉利。可想一想，为什么叫它猫头鹰呢？就是因为它的头和眼极像猫的头和眼，那为什么不把这方石叫"猫头"呢？猫可是家庭宠物之王！不管咋样，这方石就是一双眼睛！

谁的眼泪

可就在这一双大大的眼睛下面，细心的人却看到了两行泪痕，这是谁的眼泪？莫不是：英雄男儿委屈的眼泪？柔情女子悲伤的眼泪？善良之人慈悲的眼泪？困难之人无奈的眼泪？流浪小猫恓惶的眼泪？还是狐狸假惺惺的眼泪？但愿是人们喜悦、感动时流下的眼泪！各位赏者自悟。

该方陈炉石长 14 厘米、高 13 厘米、厚 9 厘米。

水之韧

水！既有形亦无形，既有色亦无色，既有识亦无识，既有善亦有恶，既有柔亦有刚……这就是水的两面性，也是上天赋予它的特性。到底以何种形式表现？那就由人来定了，还望人们善待它、利用它！但在这方陈炉石上表现的却是水的"韧性"。

人常说"滴水穿石"，说的就是水的韧性。一方坚硬的陈炉石竟被一股细流穿膛破肚！但这绝不是一朝一夕的事，也不知道经历了多少年，充分表现了水的韧性。这方石告诉人们，做每一件事情时，都要有坚韧不拔的精神，要有克服一切困难的决心和信心，决不能朝三暮四，这山望着那山高，像猴子掰棒子一样，掰一个扔一个，终是一事无成！

我看这方石中的洞内，这股细流还在不停地努力着，也不知何时就把这方心爱的陈炉石穿成两半。但这是天意，无法更改，由它吧！

该方陈炉石长 32 厘米、高 25 厘米、厚 15 厘米。

青春岁月

　　人生百年，犹如一瞬。逝去的青春永远定格在这一张道道划痕的黑白老照片上。 愿青春像这方陈炉石一样永远靓丽！

　　该方陈炉石长 18 厘米、高 20 厘米、厚 4 厘米。

流 星

李师傅是个理发师，手脚利索，理的发型也合我意，不知不觉我已经在他的理发店理了快 20 年了！

刚开始给我理发时，李师傅一直夸我："师傅，你这头发不错啊！"又过了几年，李师傅又说："师傅，你这鬓角白了，是不是需要染一染？"可就是今天，我又去他那儿理发，李师傅却说："师傅，你这头发都灰白了，快染一染吧！染一染显得年轻。"我打趣地说："你这是什么理发师？把我的头发越理越白。"李师傅说："要是能给客人越理越黑，那我就成神仙了，可要挣大钱了。唉，不仅你的头发白了，我也长白头发了。"

虽然是几句打趣的话，但却引起我对人生短暂的感慨！

人的一生，就像这方陈炉石上一颗颗流星一样在空中瞬间划过，所以，我们要让短暂的一生像流星一样，擦出绚丽的光芒！

该方陈炉石长 30 厘米、高 17 厘米、厚 5 厘米。

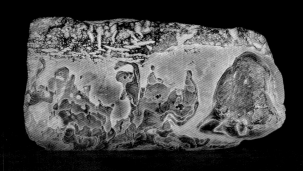

陈炉石风采

抿一抿甘醇的美酒,
品一品特色的小点。
眺一眺夜空的星河,
望一望朦胧的远山。
拉一拉童年的轶事,
谝一谝华夏的篇章。
下一下黑白的围棋,
静一静自身的心田。
……
再美美地深吸一口醉人的清新空气,
可谓天仙降落凡间。
你可别说,
临老了还真是做了一回神仙。
该方陈炉石长9厘米、高5厘米、厚3厘米。

神　仙

114 王江藏石

秤　星

　　一方圆润饱满、无伤无残的陈炉石，黑基白点，上有圈纹。有的说像北斗七星，因为有七个白点；有的说去掉顶部不显眼的白点，就像南斗六星；有的还说中心的主画面就像福、禄、寿三星。总之，星图是该石的主题！而我题名"秤星"却有缘故，大家听我道来。

　　小的时候，与比自己小五天的堂妹在一起玩耍，结果把堂妹给惹哭了，堂妹就给爷爷告状。爷爷听后说了句："你俩半斤八两，都有错的地方！"当时我还纳闷："半斤是五两，怎么是八两？"就问爷爷。爷爷耐心地给我讲半斤与八两的由来："过去的老秤都是十六两一斤，叫金星秤，由十六个金星组成，一个金星代表一两，为啥可巧就是由十六个金星组成呢？它是由北斗七星，南斗六星，福、禄、寿三星共十六个星星定盘，意思是人在做，天在看。亏人一两无福，亏人二两少禄，亏人三两就折寿了！教育人们，不能亏人，不能占小便宜，便宜是害，人人都爱，吃亏是福，人人都不。你以后做事首先要学会吃亏，平时多让让你这个妹妹，记住了吗？"此番话我一直记在心间，并作为我一生为人处世的准则。

我们的祖先也真是高明，确立了十六两的秤并使用了两千多年，不仅融入中国传统文化，同时也在道德上约束着人们的行为。绝！秤一直到公元 1959 年才改为十两一斤。

该方陈炉石长 12 厘米、高 20 厘米、厚 9 厘米。

天生尤物

一方陈炉石，在由铜川寄往太原的两日对我来说犹如两年！因为这方陈炉石太纤弱、太娇气，生怕在运输过程中受到半点伤害。

美石平安回到家中，诸石友前来观赏，第一句话都是：有意思！然后七嘴八舌就其造型评论一番，致使我对这方陈炉石的主题还真无法确定，赏析都无法写。

此方陈炉石的特点：石形小，气场强，张力大，变化多，石质优，皮质润，线条美，无伤残，耐品赏，余味足。真是：鬼斧神工，天造尤物！如此夸张而完美的陈炉石石形，在陈炉石中也是非常少见。赏者从不同角度观看可有不同的理解，真是难得的一方佳品！

该方陈炉石长 8.5 厘米、高 13.5 厘米、厚 3.5 厘米。

好　汉

画面干净明了，人物形象逼真，主题清晰，犹如《水浒传》中林冲雪夜上梁山的情境。
该方陈炉石长 15 厘米、高 22 厘米、厚 4 厘米。

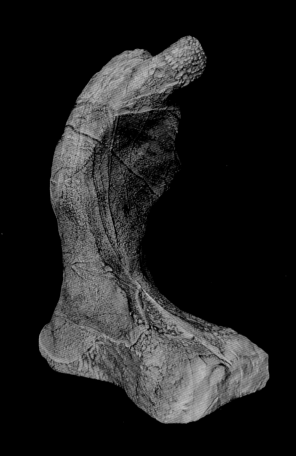

高 人

何为高人？在生活中能躬下背、弯下腰、低下头但又不失强大者为高人。

该方陈炉石长 16 厘米、高 26 厘米、厚 12 厘米。

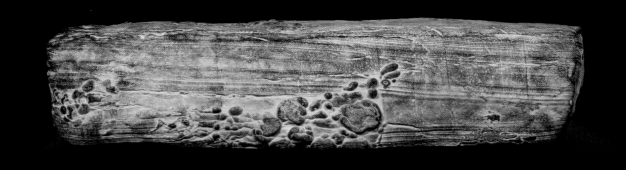

嫦娥的故事

　　此方石：石形方正，比例协调，石质油润，石皮完整，叩之有声，画面丰满，人物形象生动，三面浮雕花珠完整表现了嫦娥升天的全过程。不失为一方陈炉石中的佳品！

　　该方陈炉石长 36 厘米、高 13 厘米、厚 9 厘米。

明日大吉

　　石中人物之言：我是一个专门算命之人，人们都叫我"两指神算"，也称我"心理理疗师"。算得准不准只有鬼知道，只晓得倒霉鬼进"卦摊"。我真没那本事，只能告诉来算命的人"明日大吉"算作安慰。拿人钱财，消不了灾，去不了难，也算积个口德吧！

　　该方陈炉石长 9 厘米、高 21 厘米、厚 8 厘米。

天 书

　　我收藏的陈炉石，通过《陈炉石记忆》《陈炉石魂韵》《陈炉石风采》以图、文形式已
展示给诸位！总的感受：陈炉石就像一部天书，奥妙无穷！

　　该方陈炉石长 30 厘米、高 30 厘米、厚 8 厘米。

摄影 滕红琳女士

滕红琳，山西运城市人。对摄影情有独钟，2016 年至今担任世纪凤凰网摄影部副主任，多次参加太原市举办的"新时代，新太原"摄影大赛，并获得优秀奖。《陈炉石记忆》《陈炉石魂韵》《陈炉石风采》摄影者。

摄影 薛清华先生

薛清华，山西万荣人，1982 年毕业于大连轻工业学院（现大连工业大学），一直从事工业经济管理工作，业余摄影爱好者，山西省摄影家协会会员。《陈炉石风采》摄影者。

文学顾问 黎成学先生

黎成学，山西临猗人。1985 年毕业于武汉理工大学。从事房地产管理工作。业余爱好广泛，尤其酷爱桥牌和文学创作，并有一定的成就。系《陈炉石记忆》《陈炉石魂韵》《陈炉石风采》的文学顾问。

总顾问 张康宁先生

张康宁，山西芮城人，一生从事通讯行业的工作。对于晋、陕的黄土地文化有深入的了解。系《陈炉石记忆》《陈炉石魂韵》《陈炉石风采》的总顾问。

书名撰写 胡创业先生

胡创业，山西临猗人，1986年毕业于山西财经学院，先后从事经济运行、企业改革、国资监管、环境保护等工作。闲静时喜修书法，系山西省书法家协会会员。为陈炉石系列专著《陈炉石记忆》《陈炉石魂韵》《陈炉石风采》题写书名。